可爱的科学

植物篇

我是答题高手！

哇哦，

WA O
XIANGJIAO ZHONGZI
ZAI NALI

香蕉种子在哪里？

油王？

米家文化 编绘

U0302365

浙江教育出版社·杭州

图书在版编目（CIP）数据

哇哦，香蕉种子在哪里？ / 米家文化编绘. -- 杭州：浙江教育出版社，2017.6（2019.4重印）

（可爱的科学）

ISBN 978-7-5536-5773-8

Ⅰ．①哇… Ⅱ．①米… Ⅲ．①植物－少儿读物 Ⅳ．①Q94-49

中国版本图书馆CIP数据核字(2017)第103855号

策划编辑 张　帆		**责任编辑** 戴嘉栩	
美术编辑 曾国兴		**责任校对** 陈云霞	
责任印务 刘　建			

可爱的科学 植物篇

哇哦，香蕉种子在哪里？

KEAI DE KEXUE

WA O XIANGJIAO ZHONGZI ZAI NALI

米家文化　编绘

出版发行　浙江教育出版社

（杭州市天目山路40号 邮编：310013）

设计制作　杭州米家文化创意有限公司

印　　刷　北京博海升彩色印刷有限公司

开　　本　787mm×1092mm 1/32

印　　张　6　　　　　　　**字　　数**　120 000

版　　次　2017年6月第1版　　**印　　次**　2019年4月第2次印刷

标准书号　ISBN 978-7-5536-5773-8　**定　　价**　28.00元

实验室

早就憋不住了!

趁博士不在,去他的植物实验室玩吧!

咣当——

这么多的植物,真是看花眼了!

1

别闹了！没看见人家在欣赏植物吗？

哇！快跑！好可怕！

完蛋了！这回死定了！

目录

Contents

准备好了吗？
可爱的科学等你去探索！

为什么爬山虎能顺着墙往上爬呢？

1. 枝条表面凹凸不平，摩擦力大。

2. 卷须顶部有黏性吸盘。

植物篇

3. 这是大自然赋予的"超能力"。

答案在后面啦！

1

爬山虎的枝上有卷须，卷须短且分枝多，卷须顶部有黏性吸盘，遇到物体便能吸附在上面，因此无论是岩石、墙壁或是树木，均能吸附。爬山虎的根会分泌一些腐蚀石灰岩的物质，所以它的根还会顺着墙的缝隙钻入其中，以此生根发芽。

爬山虎生长速度很快，是一种非常经济的绿化植物，它的覆盖力很强，不久便能爬满整面墙，堪称植物界的"蜘蛛侠"。

问

有人说漆树会咬人，这是真的吗？

1. 假的，树没有嘴巴。

2. 真的，既然有吃荤的植物，那树会咬人也不足为奇。

植物篇

3. 假的，只是漆树分泌的黏液对人的皮肤有刺激罢了。

答案在后面哦！

3

漆树会咬人的说法源自于漆树树干割口处分泌的乳白色或黄色黏稠液体涂料——生漆。生漆有毒，内含强烈的漆酸，如果沾在人的皮肤上，容易引起皮肤过敏或中毒，让人感到又痛又痒，被误认为是"咬人"。

漆树被誉为"涂料之王"，是一种天然树脂涂料，而且不畏寒、不惧热，在很多地区都可以种植和栽培。

问

水果是花儿的果实，水果可以吃，那花儿可以吃吗？

1. 可以，百合花就是可以食用的呀。

2. 可以，但不是所有的花都可以吃。

植物篇

3. 不可以，花儿是要结果实的，没了花儿就没有果子了。

答案在后面哦！

5

可以，但不是所有的花都能食用，可以食用的花朵种类是不多的。目前已发现大概有一百多种花是可以食用的，如百合花、荷花、菊花、玫瑰花等。花是植物的繁殖器官，与植物的其他部分一样，具有丰富的营养价值。花儿可以制成美味的菜肴、糕点、茶、酒等。

墨西哥的"米邦塔"仙人掌是可食用的哦。它没有普通仙人掌可怕的刺，它的果实常被当地人当作水果来食用。

昙花为什么喜欢在黑夜里静悄悄地开放?

1. 昙花花儿太娇嫩,为了躲避阳光才在晚上开花。

2. 昙花白天"睡懒觉",夜里起来"工作"。

植物篇

3. 昙花不喜欢吵闹,夜里比较安静。

答案在后面哦!

昙花夜间开花，原因有三：一、它原是热带沙漠地区的植物，花儿娇嫩，为避免白天强烈阳光的照射，保护花儿免受灼伤，所以在夜间开放；二、夜里开放可以使植株减少水分的损失，有利于它的生存；三、晚上8点至9点是昆虫活动频繁的时间，有利于昙花授粉。

昙花的花朵有释放"空气中的维生素"的本领哦。这种特殊的"维生素"有个很科学的名字叫作负离子。

問

生石花竟然长得像石头，你知道它为什么长成这样吗？

1. 和石头待久了，所以也变成了石头。

2. 伪装，适应干燥的环境。

植物篇

3. 被周边的石头压的。

答案在后面哦！

生石花是为适应严酷的生长环境才长成了如此模样。一方面,在干旱的季节,这样的"装扮"可以保护它,避免被食草动物发现;另一方面,在缺水的条件下,两瓣石头似的生叶可以储存宝贵的水分,这些水分可以帮助它度过旱季。

大家不要见怪!生石花还有许多有趣的名字,如开花的石头、活的石头、小牛蹄、眼睛、霍屯督屁股等,读起来真让人忍俊不禁呢。

植物学家说植物也有类似人的"脉搏"，这"脉搏"指的是什么？

1. 植物的开花现象。

2. 树干"日细夜粗"现象。

植物篇

3. 植物的呼吸作用。

答案在后面哦！

在天气晴朗的时候，太阳从东方升起，植物的树干会随之开始收缩，等到夕阳西下，植物收缩速度会变缓慢。到了夜里，树干就会停止收缩，开始膨胀，这个状态会一直持续到第二天清晨。植物这种"日细夜粗"的搏动，被称为植物的"脉搏"。

你知道吗？绿油油的植物竟然最"讨厌"绿色——植物中的叶绿素在吸收阳光中的可见光时，会"漏掉"绿色，将绿色反射出去。

问

世界上真的有用乳汁哺育"孩子"的树吗？

1. 我是喝奶长大的，小树当然也可以喝。

2. 有的，世界上有一种树就叫奶树。

植物篇

3. 没有，植物哪来的乳汁。

答案在后面哦！

13

有一种奶树，每当花球凋零时，会结出一个椭圆形的奶苞，在苞头的尖端长出一种椰条状的奶管。待奶苞成熟后，奶管里便会滴出黄褐色的"奶汁"来。但是奶树的奶液是不能食用的。

南美地区有一种树，当地居民称其为"木牛"，它流出来的汁液，可是一种富含营养的饮料，可与牛奶相媲美呢。

14

问

人活百岁已算长寿，但刺果松可以轻松活上几千年。你知道它长寿的秘诀吗？

1. 刺果松能分泌松脂，保护树干。

2. "吃"得好，"睡"得香。

植物篇

3. 家族都长寿，基因好。

答案在后面哦！

15

首先，刺果松的叶子不会轻易掉落。刺果松的叶子附着在树枝上长达20～40年之久。这样保证树木能不断进行光合作用，且减少了年年更换树叶消耗的能量。其次，刺果松能分泌大量松脂，松脂能包住树干，以此来防止昆虫等的侵害。

面包树的果子不能生吃，必须像烤面包一样放在火上烤了才能吃。烤熟后的面包果又松又香，酸中带甜，别有一番风味。

哪种植物会制造"化学武器"？

1. 苹果树。

2. 香蕉树。

植物篇

3. 松树。

答案在后面哦！

松树拥有厉害的"化学武器"。松树非常喜欢阳光，由于它无法在没有阳光的地方生长，所以为了防止其他植物的遮挡，它会在根部分泌一种化学物质。这种化学物质会杀死一切接触它的植物。故在松树林里，很少有其他植物生长。

烟草能像火警警报器一样，告知周围的同伴危险来临。一些研究发现，预感到危险来临的烟草，会在自己的体内制造出一种叫尼古丁的特殊物质。

为什么含羞草会像娇羞的姑娘一样低下"头"？

1. 它是个文静的"孩子"。

2. 比较怕陌生人。

植物篇

3. 这是含羞草的"触发运动"。

答案在后面哦！

答案 **3** 你答对了吗?

含羞草的小羽片、羽轴、叶柄基部肥大部分总称为叶枕。当我们用手触摸含羞草时，叶枕中的细胞会接受到刺激，液泡膜的通透性变大，水会迅速且大量地流出液泡，而细胞形状也会发生改变，最终可看到含羞草的叶柄下垂，小叶片闭合。这也被称为含羞草的"触发运动"。

含羞草能预报天气。用手触摸它，如果它的叶子很快闭合，而张开时很缓慢，这说明天气会转晴；如果它的叶子收缩得慢，下垂迟缓，或者稍稍闭合又张开，这说明天气将由晴转阴或者快要下雨了。

问

为什么到了晚上，夜来香会散发更加浓郁的香味？

1. 它吸入了空气里太多的"养分"。

2. 与空气的湿度有关。

植物篇

3. 夜里它的精力比较充沛。

答案在后面哦！

　　花香是否浓郁与空气的湿度关系密切。夜来香花瓣上的气孔有个特点,当空气湿度大时,气孔张开比较大,从花中蒸发的芳香油就多。夜间没有太阳照射,空气的湿度比白天大,因此花瓣气孔就张开得大,散发出的香气也就特别浓。

　　夜来香在叶腋绽开的吊钟形状的小花是"驱蚊圣品"哦。花儿散发出的清香太浓郁,蚊虫受不了,因此起到了驱赶蚊虫的效果呢。

问

人们用"千年铁树开花"来形容事物罕见，那么铁树真的千年才开一次花吗？

1. 不是，在合适的环境下就能开花。

2. 是的，我家里那棵铁树从来没有开过花。

植物篇

3. 不是，一百年开一次花。

答案在后面哦！

23

铁树生长极其缓慢，因此寿命长达 200 年，而正因为如此，百年铁树被夸大误传为"千年铁树"。铁树对环境的温度和湿度的要求很高，必须在它适应的环境中才能开花和结果。如果温度等条件适宜，铁树可以年年开花。

铁树的枝叶像凤凰的尾巴，树干与芭蕉相似，因为它的树干坚硬如铁，而且喜欢含铁的肥料，所以才得名"铁树"的哦。

油棕为什么被称为"植物世界油王"？

1. 名字里面带着"油"字。

2. 油棕果含油量很高。

3. 油棕果里的油是最好的油。

答案在后面哦！

油棕果含油量高达50%以上，一株油棕每年可产油30～40千克。在种植面积相同的情况下，油棕产油量是椰子的2～3倍，是花生的7～8倍，因此被人们誉为"植物世界油王"。

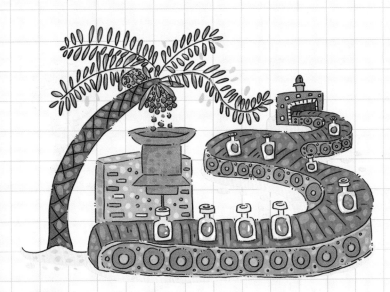

植物力气之王——喷瓜。凤仙花的果实喷瓜成熟后，果皮会自动裂开，里面的种子会像枪弹一样喷射出来，最远可达2米。

除了捕蝇草，哪种植物也会捕捉虫子？

1. 一品红。

2. 毛毡苔。

3. 蜡梅。

答案在后面哦！

毛毡苔的叶子表面分布着一层带有腺体的毛，这种腺体会分泌能吸引昆虫的带有黏性的物质。当昆虫因这种味道而被吸引过来时，叶面上可弯曲的触毛就会立马将昆虫捕获，随即叶片卷曲，触毛会分泌一种物质将昆虫消化，之后叶子又张开重新捕食。

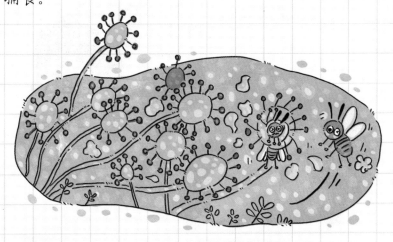

植物的"运动"原理和动物不同，多数植物之所以会"运动"，其实只是受到刺激后所做出的反应，比如含羞草。

问

猪笼草也会捕虫，那你知道它捕虫的秘密吗？

1. 捕虫笼与一些花朵很像，有的昆虫以为是花就钻进去了。

2. 笼子里有昆虫想吃的食物。

植物篇

3. "瓶盖"能散发诱虫的香味。

答案在后面哦！

猪笼草叶的构造复杂，有叶柄、叶身和卷须。卷须尾部因扩大并反卷而形成瓶状，因此可捕食昆虫。叶顶的瓶状体是捕食昆虫的工具。瓶状体的"瓶盖"背面白天可分泌出吸引昆虫的香味。在光滑的瓶口处，昆虫会不慎滑入瓶内，并被瓶底分泌的液体给淹没，由此成为猪笼草的食物。

好香!

猪笼草长相奇特，它散发出的气味也很怪异。气味会随白天、夜晚的交替而改变，白天花有淡淡的香味，晚上会转为浓烈的恶臭。

问

子弹的威力虽大，有一种树却能轻松抵挡。请问是哪一种？

1. 铁桦树。

2. 杏树。

3. 桃树。

答案在后面哦！

植物篇

铁桦树木质坚硬,是橡树硬度的三倍,是普通钢铁硬度的一倍,被称为世界上最硬的木材。铁桦树是树中的硬度冠军。子弹打在铁桦树树干上,就像打在厚钢板上一样。这种珍贵的树木,寿命也不短哦,能存活300～350年呢。

铁桦树还有一些奇妙的特性:它质地极为致密,放到水里会往下沉,不像一般的树木浮在水上;另外,长期浸泡在水中,它的内部仍能保持干燥。

问

为什么许多椰子树会倾着树干斜向水面呢？

1. 渴了，想喝水。

2. 种子种下的时候种歪了。

植物篇

3. 这类椰子树的果实更容易掉入海里，便于传播种子。

答案在后面哦！

在进化过程中，树干倾向大海的椰子树，它们成熟的果实能更加方便地掉进海里。椰子的果实漂洋过海后，只要气候适宜，便能在那儿生根发芽，因此较好地存活了下来。而许多植物就是这样靠水来传播种子的。

椰子别名奶桃，外壳很厚，内含清澈甘甜的汁液和清香的果肉。在炎热的夏季，椰汁可是解渴祛暑的绝佳饮料。

问

有人说"针叶林能缓解地球的温室效应"，这种说法可信吗？

1. 可信，在大树下面乘凉可凉快了。

2. 不可信，植物也会呼吸，呼吸就会散热啊。

植物篇

3. 不可信，针叶林的"香味粒子"没有那么大的威力。

答案在后面哦！

35

科学家发现针叶林的"香味粒子"能够直接把阳光中的热量反射回太空,从而降低大气的温度。但这些"香味粒子"最多只有一星期的寿命,然而温室气体的影响几年甚至数十年都不能消除,因此不能完全依靠有限的针叶林的"香味粒子"来阻止气候变暖。

松针有杀虫止痒的效果呢。如果在野外玩耍时不小心被蚊虫叮咬了,可将新鲜干净的松针捣碎,敷在被蚊虫叮咬的地方做临时应急处理哦。

问

如果将测谎仪的电极接到植物上，会怎么样？

1. 测谎仪不会有任何反应。

2. 测谎仪也会出现曲线反应。

3. 这很难回答，应该还是个未解的科学之谜。

植物篇

答案在后面哦！

将测谎仪接到植物上，然后点燃火柴去烧植物的叶子，发现在划亮火柴的瞬间，记录仪上有变化；当火靠近植物的叶子时，发现测谎仪上的图形出现了明显的变化，这说明植物也会对火产生针对性的反应。

非洲卢旺达的"笑树"为何会发笑？这是因为一阵风吹来，皮与果随风摇动，皮蕊在空腔里来回滚动，不断撞击又薄又脆的外壳，因此发出了像人一样的笑声。

向日葵为什么总向着太阳转？

1. 喜欢太阳。

2. 茎中的一些物质由于阳光而分布不均。

植物篇

3. 想多接收些阳光。

答案在后面哦！

向日葵的生长素主要在茎尖形成,流动方向是从茎尖向基部运输。生长素的分布状况受光的影响:向光的一侧生长素浓度低,背光的一侧浓度高。这样,向光的一侧生长区生长较慢,背光的一侧生长区生长较快,茎也就因此而弯曲,像是向着太阳旋转。

英语称向日葵为太阳花,不是因为它会向着太阳旋转,而是因为它的"大笑脸"和火热的太阳十分相似。

世界上有没有黑色的花儿?

1. 没有,黑色多难看啊。

2. 有的,黑色是颜色的一部分,一定有的。

3. 非常少见,黑色花很难存活。

植物篇

答案在后面哦!

自然界中黑色花非常罕见，特别是真正的黑色花朵是不存在的。如果黑色花存在，那它就会吸收阳光中所有光，从而会很快升温，花儿的组织容易受伤，因此难以存活。日常生活中所说的"红得发黑、紫得发黑"，指的是接近黑色的深红或深紫色花朵，如黑玫瑰、黑牡丹。

花瓣有各种各样的颜色，是因为花青素在不同的酸碱环境下会呈现出各种颜色。如果细胞液呈现酸性，那么花瓣就是红色的；如果呈现中性，那么花瓣就是蓝色的。

为什么香蕉大多是弯弯的呢?

1. 直溜溜的一排不好看,曲线美嘛。

2. 香蕉是植物界的"绅士"。

植物篇

3. 香蕉有向光生长的特性。

答案在后面哦!

香蕉有趋光性。未成熟的香蕉是直的，这个阶段，香蕉的上方还有保护它们生长的叶子。后来有的叶子掉落了，香蕉见到了阳光，由于向光生长的特性，香蕉的一头会朝着光的方向生长。这样一来，香蕉就慢慢变成弯弯的模样了。

有一种植物名字叫香蕉花，它可不是指香蕉树的花哦，而是一种香味与香蕉很相似的花，它还有一个很好听的名字叫含笑花。

问

有人说见过一种树，脏衣服只要绑在树上几个小时就干净了。这可能吗？

1. 不可能，大树只能用来晾衣服。

2. 可能，有的搓衣板不就是木质材料做的嘛。

植物篇

3. 可能，有的树分泌的汁液有较强的去污能力。

答案在后面哟！

在非洲真的有一种会帮人洗衣服的树，名叫"普当"。普当树的树干上有许多小孔，并且会不停地分泌出含碱量很高的黄色汁液。由于碱性液体的去污能力很强，于是当地人只要把脏衣服绑在普当树上几个小时，再用清水漂洗，衣服就变得干干净净了。

树的外衣——树皮，相当于人类的皮肤，不仅可以保护大树，而且对人类的作用也很多。树皮可以制成树皮纤维板，也可以用于装饰房间等。

植物为什么要开花呢？

1. 为了传粉、繁殖。

2. 为了向世界表达爱意。

植物篇

3. 植物在与人分享花的芬芳。

答案在后面哦！

　　开花是为了更好地传粉、繁殖，但不是所有植物都会开花，绿色开花植物才会开花。花是植物的繁殖器官，一些植物开花是为了吸引昆虫来帮助授粉，这样那些植物的花儿才能受精，从而形成种子并加以传播。种子就是高等植物的下一代。

　　花卉的花语是指人们用花来表达情感的一种方式，如萱草表达的是妈妈您真伟大，康乃馨的花语是母亲我爱你等。

问

为什么鲜花插在啤酒和清水的混合液里，花儿反而可以开得更久？

1. 喝点小酒，花儿精神好，所以开得更美了。

2. 如果插在红酒中会开得更好哦。

3. 啤酒可以给花儿提供所需的营养物质。

答案在后面哦！

植物篇

49

啤酒中含有酒精、糖类、二氧化碳等成分。二氧化碳是各种植物进行光合作用不可缺少的物质，可以帮助植物生长。酒精能消毒，对花枝的切口起到防腐的作用。糖等营养物质是花、枝叶生长所必需的。这些都可使花儿的花期延长。当然，得控制好啤酒的浓度，如果啤酒的浓度过高，花儿会立刻枯萎呢！

据推算，1升啤酒经过消化所产生的热量相当于250克面包或800毫升牛奶所产生的热量，所以啤酒有"液体面包"的美称。

在墨西哥有一种跳豆，被太阳晒热了就会跳个不停。这是怎么回事？

1. 豆子里面有小虫。

2. 豆子里面注入了魔法。

3. 豆子被太阳光烫着了。

答案在后面哦！

51

在花开时节，蓓蕾满枝的时候，有小飞蛾会飞到跳豆花朵的子房上产卵，子房长成果实，卵就自然而然地被包在里面了。以后，卵又慢慢地孵化成幼虫，舒舒服服地待在豆子做的窝里靠吃子实的仁生活。过了几个月，跳豆跌落到地上，此时的豆子只剩下一个空壳了。

俗语说"豆子是地里长出来的肉"，指的是有时候平民吃不起肉，以豆子代替。因为豆子的能量与肉类食物可以相媲美哦。

问

樱桃是樱花结出的果实吗？

1. 樱桃是樱花结出的类似桃子的果实。

2. 不是樱桃，樱花另有其"果"。

植物篇

3. 樱花是樱桃之母。

答案在后面哦！

　　樱花果是樱花果，樱桃是樱桃，它们是两种完全不同的果子。樱花的果实形状像小球，紫色或者黄色，味道苦，不能食用。樱桃是一种水果，色泽鲜艳，吃起来酸甜可口，而且营养丰富，富含糖、维生素及钙、铁、钾等多种元素。

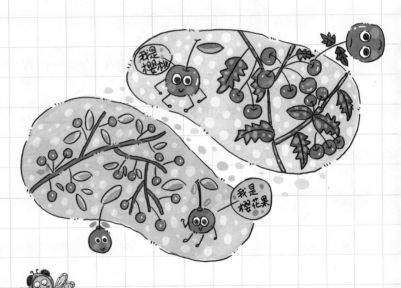

　　樱树的树叶与桑叶很相似，但樱树叶不宜喂养蚕宝宝，桑叶才是蚕宝宝的主要食物。蚕宝宝只有通过吃桑叶才能获得足够的纤维素，然后才能吐丝结茧。

梅花为什么能在寒冷的时节开放？

1. 梅花性格孤傲。

2. 梅花能适应低温，开花时间会因温度适当变化。

植物篇

3. 梅花喜欢冬天，冬天可以见到雪花。

答案在后面哦！

梅花在温度比较低的时候也能开花,而且是先开花后长叶子。在秋天,它已经长出了小小的花苞。冬天,虽然室外气温很低,但是已长出的花苞仍能生长,所以能在冬天开花。梅花若在开花前遇到低温,则开花期延后;若开花时遇低温,则花期会延长。

蜡梅是中国特有的传统名贵观赏花木,因在冬季开放也被称作冬梅。蜡梅虽与梅花相似,但并不是同一品种哦。

桃树上有时会有一些黏黏的棕色透明物，你知道这是什么吗？

1. 桃树的汗液。

2. 桃树的"鼻涕"。

植物篇

3. 桃树分泌的桃胶。

答案在后面哦！

桃树的树干上分泌出的黏黏的东西是胶状物质——桃胶。这是桃树为了保护自己不被害虫侵害而分泌的一种"保护素"。桃树有汁液，许多害虫为了取食就会吸取桃树的汁液，这时它们就会被这些桃胶给粘住。桃胶黏性很强，害虫一旦被粘在树上，基本没有逃生的可能性。

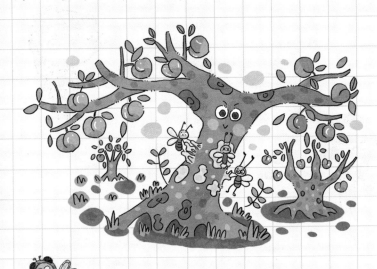

你知道我们吃的桃子，是由桃花的哪个部分发育而来的吗? 答案是"子房"。

荷花和莲花是同一种花吗？

1. 不是，名字都不一样，怎么会是同一种花呢。

2. 是的，荷花就是莲花。

植物篇

3. 不是，莲花是荷花的祖先。

答案在后面啦！

　　按照植物学的分类，莲花就是荷花，它们只是同一种植物的两个名称而已。但在公园的池塘里，有一种花的花瓣很大，由一根绿色的茎托出水面；另一种花的花瓣则很小，永远都贴着水面盛开。其实，那种由茎托出水面的花就是莲花，也叫荷花；那种贴着水面生长的则叫睡莲。睡莲并不是莲花，在植物学上，它们是两种完全不同的植物。

　　莲与中国文化关系很深，自古以来，莲便是君子最喜爱的植物之一，它象征朋友之间的友谊纯洁无瑕。

淤泥很脏，可为什么荷花能出淤泥而不染呢？

1. 过水的时候洗干净了。

2. 荷叶、荷花都有自洁功能。

植物篇

3. 荷花是长在水面上的，根本不长在淤泥里。

答案在后面哦！

荷叶上有角质层,荷花上有透明防水膜。荷叶具有疏水的表面及自洁的特性。荷叶上存在着非常复杂的结构,这些结构使得荷叶具备比较强的"自清洁"功能。荷叶表面的表皮细胞上,覆盖着一层蜡质结晶。蜡质结晶具有疏水性,当水与这类表面接触时,会因表面张力而形成水珠,水珠滑落时会把一些灰尘和污泥颗粒一起带走,使荷叶洁净。

莲蓬是荷花凋谢之后长出的,保留莲蓬中的果实——莲子,在来年春天撒入池塘,便可长出荷叶与荷花哦。

问

仙人掌天生就不长叶子只长刺吗？

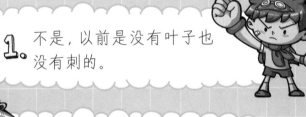

1. 不是，以前是没有叶子也没有刺的。

2. 是的，长刺的仙人掌不会被动物吃掉。

植物篇

3. 不是，以前是叶子，后来进化成了刺，减少体内水分蒸腾，物种得以保留。

答案在后面哦！

63

仙人掌通常生长在热带或亚热带的干旱地区，干旱的土壤是不利于植物生长的。叶子是植物蒸腾水分的主要部位，一些仙人掌基因突变，叶子成了针状，更有利于生存。这就是仙人掌的刺。此外，仙人掌的刺还是阻止动物吞食的"武器"。

吃不到……

"索诺兰"仙人掌是一种能像手风琴一样伸缩的仙人掌哦！在没有雨水的旱季，它会将身体收缩；等到雨季来临，它又会把身体摊平。

问

每到秋天，有些树叶就会变黄。你知道这是为什么吗？

1. 被空气污染了。

2. 叶子老了。

植物篇

3. 叶绿素减少，类胡萝卜素显露出来了。

答案在后面哦！

　　树叶中的叶绿素在秋天来临之际会被分解，树叶中的养分也会被重新分配到树干和树根，以帮助树木度过阳光稀少的冬季。树叶失去叶绿素之后，原本就存在于叶子中的黄色的类胡萝卜素会显露出来，因此叶子就像胡萝卜那样发黄。

　　胡萝卜中胡萝卜素的含量比较高，胡萝卜素经人体消化后，可以转化成维生素A。多吃胡萝卜对眼睛与皮肤都有好处，对夜盲症、皮肤粗糙的治疗有帮助。

树的年轮是怎么形成的呢？

1. 伐木工人"锯"出来的。

2. 树中的细胞层不断增多而形成的。

植物篇

3. 当然是结疤形成的啦。

答案在后面哦！

在树的韧皮部和木质部之间有一层生长特别活跃、能不断增多的细胞层,这一细胞层被称为形成层。树木能长粗主要是形成层的细胞分裂的结果。形成层的细胞不断进行分裂,由此向内形成了新的木质部,向外形成新的韧皮部。细胞的分裂会受到每年降水、温度等因素变化的影响,因此年轮有疏密。

赤道地区常年温润多雨,气候温暖,但由于每年的雨量与气温依然会有差异,因此,赤道地区的树木的年轮也会有疏密。

有人说同一株棉花上，会开出不同颜色的花朵。这话可信吗？

1. 可信，棉花里有多种色素。

2. 不可信，棉花明明都是白色的嘛。

植物篇

3. 可信，你看嫁接过的一些植物上就会开各种颜色的花。

答案在后面哦！

可信。棉花的花瓣会出现变色的现象,这是棉花特有的习性。棉花的花瓣里含有多种色素,随着阳光照射的强度和温度的不同,色素就会发生变化。而且同一株棉株上,各部分花开放的时间又有先有后,因此在同一株棉花上,就有几种不同颜色的花了。

棉花并不是花,平常说的"棉花"是开花后长出的果子成熟时,裂开翻出的果实内部的纤维。棉花不具有生殖功能,没有花的任何特性哦。

春天，柳树旁的天空中常会飘浮着一些纤细的白毛。你知道这是什么吗？

1. 柳絮，柳树"吐"出来的。

2. 棉花的种子。

植物篇

3. 某种白色的轻柔小花。

答案在后面哦！

春天，这些在空中飞舞的白毛毛就是"柳絮"。柳絮里面包着柳树的种子。柳絮能随风飞舞的特性是为了方便传播种子。但是常见的柳树种植方法一般都是将柳树的枝条直接插入潮湿的土地里，这样柳树更容易成活。

柳絮中含有油脂和多糖物质，被人吸入后，有可能会引发人体过敏哦。

为什么说银杏树是"活化石"？

1. 银杏的原始种子和化石有关。

2. 银杏树在地球上存在的时间很久，可以与化石相比。

植物篇

3. 银杏叶上的纹路与化石有些相似。

答案在后面哦！

中国银杏最早出现于3亿多年前的石炭纪,是世界上最古老的树种之一,也是银杏家族里唯一在当今生存的种类。与它同门的所有其他植物都已灭绝,它是现存最古老的孑遗植物。因此,银杏被科学家称为"活化石""植物界的熊猫"。

白果是银杏的种仁,其营养丰富,对于益肺气、治咳喘等具有良好的医用效果和食疗作用。但生吃白果或过量食用,会引起中毒反应,应适量食用。

问

韭菜和韭黄外形差不多，但韭菜是绿色的，韭黄是黄色的。它们是同一种植物吗？

1. 不是，它们完全不同。

2. 是，两者是同一种植物。

植物篇

3. 不是，外形像，不代表是同一种啊。

答案在后面哦！

75

韭菜与韭黄是同一种植物，之所以颜色不同，是因为栽培的方法不同。绿色韭菜与普通的植物相同，种植在阳光充足的土地上，因此它具有丰富的叶绿素，叶子是绿油油的。而韭黄是在黑暗中生长的，没有受到阳光的照射，也就不能形成叶绿素，所以呈现黄色。

韭菜花是秋天韭白上长出的白色花簇，在它将开未开时采下便可食用。韭菜花含有丰富的钙、磷、铁、胡萝卜素、核黄素等，有益身体健康。

山越往高处，植物越少。这是为什么？

1. 高山上的动物比较凶猛，植物容易受伤。

2. 植物也有恐高症。

植物篇

3. 海拔越高，山上环境越恶劣，植物越不易生长。

答案在后面哦！

　　不一样的植物有不同的生长环境需求。海拔每上升100米，温度就会下降0.6℃，因此海拔越高，温度就越低，空气也越稀薄。在高山上，一般植物无法从环境中得到自己生长所需要的物质，因此也就无法存活。只有少数耐寒且适应这种环境的植物才能生存，所以山越高，山上的植物就越少。

　　山有高低之分哦。海拔超过1000米的山是"高山"，介于海拔350~1000米的山为"中山"，海拔150~350米为"低山"，更低的则是丘陵。

问

为什么炎炎夏日，在树下会感觉比较凉快？

1. 植物蒸腾作用要吸收热量。

2. 树上有鸟窝。

植物篇

3. 大树有释放冷气的能力，就像空调。

答案在后面哦！

植物将体内的水以水蒸气的形式散发到空气中,这个过程会带走植物体内的热量,降低植物体的温度,继而降低周围环境的气温。水蒸气蒸发到大气中,还能增加大气的湿度,因此在炎热的夏季,树林里的空气湿润,凉爽宜人。

果树长得比较矮,这是经过矮化处理的哦。经过矮化的果树可以更好地利用光能,从而能结出更多的果子呢。

为什么树上的果子长到一定程度就会掉下来？

1. 果实想落到地上滚走。

2. 果实太重了，果树不能承受。

植物篇

3. 果树自行将成熟的果子分离出来，再加上地球引力的作用。

答案在后面哦！

果实成熟后，如果不及时采摘，大多会自行脱落，这不是因为果柄太细不堪重负，而是果实必须落到地上，才能发芽生根。当果实成熟时，果柄上的细胞开始衰老，在果柄与树枝相连的地方形成一层"离层"。离层如一道屏障，隔断果树对果实的营养供应。由于地球引力的作用，果实便纷纷落地。

种子中含有许多营养物质，在种子萌发的过程中提供能量。

问

削了皮的苹果很快就会变色，
这是什么缘故？

1. 苹果失去保护层，"难过"得变了色。

2. 削皮后的苹果，表面的物质被氧化了。

植物篇

3. 苹果被变色龙咬了一口。

答案在后面哦！

苹果虽然从树上被摘了下来,但是它的呼吸作用仍在进行着。苹果中有一种酚类物质,当苹果削皮后,植物细胞中的这种酚类物质便在一种酶的作用下,与空气中的氧发生反应,产生一种新的物质。这个新物质能使植物细胞迅速地变成褐色,苹果因此而变色。

控制苹果变色的简便办法:把去皮的苹果立即浸在冷开水或淡盐水中,与空气隔绝,以防止氧化,但去皮的苹果不宜浸泡过久,否则营养成分会流失。

问

蒲公英身上的绒毛有什么用？

1. 让自己看起来更漂亮。

2. 挠痒痒。

植物篇

3. 帮助传播种子。

答案在后面哦！

绒毛的作用是帮助种子传播。蒲公英的种子靠果实上的绒毛在风力的帮助下飞行,从而在各地撒下种子。蒲公英的花期比较长,从3月到8月都有它盛开的身影。在路边、山坡、草地、田野或者是河滩边,都会有它的踪迹。

蒲公英会开出充满朝气的黄色花朵,而且这些花朵中含有丰富的花蜜。因此每到花开时节,便会吸引大量蜜蜂前来采蜜。

大树是怎么把根部吸收的营养送到叶子上去的？

1. 树干里也有"楼梯"，顺着"楼梯"爬。

2. 根压和蒸腾作用。

植物篇

3. 由会飞的共生昆虫帮忙运输。

答案在后面哦！

一般情况下，植物根部的细胞液浓度大于土壤溶液的浓度，土壤中的水分向根部渗透，产生一种压力，这种压力叫根压。在根压的作用下，水分会上升。但是根压的作用力还是比不上蒸腾拉力。叶片进行蒸腾作用时，叶片中的水分会散发到空气中，细胞会自动向旁边的细胞取水，如此循环，最后根部从环境中吸收水分加以补充。

植物的根可以做成雕塑艺术作品，即根雕。根雕既保留了植物根部的自然之美，又注入了人类的创新思维。

问

吃橘子有讲究，那什么时候不适合吃呢？

1. 刚吃过饭的时候，吃撑了，胃会不舒服。

2. 奶奶说不可以与萝卜一起吃。

植物篇

3. 不想吃的时候不适合吃。

答案在后面哦！

橘子与萝卜不能一起吃。萝卜进入人体后,会产生一种叫硫氰酸盐的物质,很快代谢产生抗甲状腺的物质——硫氰酸。如果这时吃橘子,橘子中的类黄酮会在肠道内被分解,而转化成羟苯甲酸和阿魏酸,它们可以加强硫氰酸对甲状腺的抑制作用。因此橘子和萝卜不要同时食用。

橘子和柠檬都是富含维生素C的水果,可它们的维C含量还不是最多的哦。酸枣才是"维生素C界"的霸王呢。

我们吃的是马铃薯的什么部位？

1. 块茎。

2. 果实。

3. 根。

答案在后面哦！

我们主要食用的是马铃薯的地下块茎。马铃薯是世界上除了谷物以外，人们重要的粮食作物之一。它富含大量碳水化合物，可以给人体提供大量的热能。马铃薯还富含丰富的营养成分，如维生素、矿物质（钙、磷）、植物蛋白等。

发芽的马铃薯不能吃。发芽的马铃薯中含有有毒物质，因此要避免食用，防止中毒。

问

为什么有的花生吃起来有苦味？

1. 有苦味的花生营养更好。

2. 这是长在高寒地区的花生。

植物篇

3. 这是花生发霉了，霉变的花生含有有毒物质。

答案在后面哦！

这种带有苦味的花生已经发霉变质了，是不能吃的。这种花生里产生了黄曲霉，黄曲霉是一种黄绿色的真菌，它会产生足量的黄曲毒素，而黄曲毒素是一种有致癌性且有剧烈毒性的化合物。因此这种花生最好不要吃，不过如果误食了一两颗，也无须过度担心。

蓖麻子的毒性很强，一个成年人，吃一两颗蓖麻子，就会中毒，甚至致死。因为蓖麻子中蓖麻蛋白有妨碍细胞产生蛋白质的功能。

问

枇杷好吃核却多。你知道枇杷为什么核多吗？

1. 核多热闹嘛。

2. 枇杷生命力强。

3. 枇杷子房中胚珠比较多，种子是由受精胚珠发育而来的。

答案在后面哦！

每个枇杷花的子房里有五个左右胚珠，每个胚珠受精后发育成一个种子，因此枇杷核较多。而人工开发的无籽品种则是无果核的。枇杷叶上有一层绒毛，可以防止虫类过多地摄食叶片。

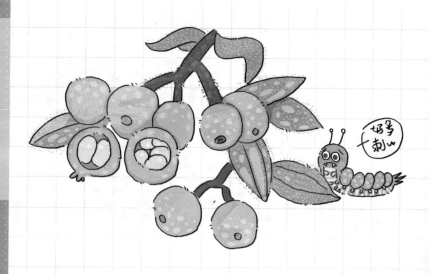

好多刺！

枇杷、桃是人们爱吃的水果，但枇杷、桃、杏的生的种仁是不能食用的哦，否则会引起食物中毒。只有经过炒制加工，种仁才能成为美味的坚果类食品。

荔枝"一日色变,二日香变,三日味变,四日色香味尽去"。荔枝为什么这么容易变质?

1. 脸皮太薄。

2. 果实代谢旺盛。

植物篇

3. 果实太脆弱。

答案在后面哦!

荔枝的果实代谢旺盛,呼吸强度高,即使在低温条件下仍有较高的呼吸强度,这使得它容易变质。而荔枝的果皮像龟壳,结构疏松,表面蜡质层不连续,果肉易失水,这会加速荔枝果壳的变色。

荔枝与香蕉、菠萝、龙眼一起被称为"南国四大果品"。因为唐代杨贵妃十分喜爱荔枝,所以诗人杜牧便据此写下了"一骑红尘妃子笑,无人知是荔枝来"的千古名句。

问

为什么有人吃了芒果，脸上会红红肿肿的？

1. 芒果中的一些物质，对有的人致敏。

2. 脸红通通的，是害羞了。

植物篇

3. 那个人身体里的火气比较大。

答案在后面哦！

99

　　吃芒果过敏的症状中，最典型的就是过敏者出现面部红肿的现象，特别是在嘴巴周围，这是因为芒果中有致敏的物质。大部分人吃芒果都喜欢剥了芒果的皮，直接将芒果送入口中，这样很容易将芒果果汁、果肉沾在嘴巴或脸颊上，引起过敏。

　　芒果是热带水果之王。芒果核上的毛是芒果的组织，营养物质就是通过这些毛输送到整个芒果的。

问

雪莲为什么能抵御严寒，在雪山上生存呢？

1. 有"防冻液"。

2. 脾气比较独特。

植物篇

3. 外表柔美，内心坚强。

答案在后面哦！

雪莲能自己制造"防冻液"。它体内的汁液中含有盐分和其他的化学物质，这些物质使得它在零度以下的环境中也不会结冰，仍能傲然开放。雪莲还有着适应高山环境的生物学特性，它的叶很密，花的形状如白色棉球，互相交织在一起，形成了无数的小空间，阳光照射下，这些小空间吸收热量，也能帮助雪莲抗寒。

冰灯玉露可不是一种饮品哦，它是一株似莲又像草的植物。它的叶片晶莹剔透，一片挨着一片，像一朵绿色的莲花灯，因此而得名。

金合欢树上为什么总是生活着成群的蚂蚁？

1. 蚁类保护大树免受伤害。

2. 大树底下好乘凉。

植物篇

3. 这种蚁类以金合欢树的花蜜为食。

答案在后面哦！

103

金合欢蚁以金合欢树的花蜜为食物,这种蚁类借此获得生存的食物。同时,金合欢蚁也在一定程度上保护了金合欢树免受其他植食性动物的伤害。如果将金合欢蚁驱逐出大树,金合欢树的生长会因此而减缓,而且大树的存活率也会降低。

金合欢树的树枝上长满了空心刺,这些空心刺正是金合欢蚁的安家之地。在这个"家"里,金合欢蚁得以免受风吹雨淋,又能"近水楼台先得月",得到花蜜。

问

为什么同一个玉米上有时会出现黄、红、黑等不同颜色的玉米粒？

1. 玉米穿上花衣裳，吸引昆虫授粉。

2. 风把玉米的花粉传到了不同品种的玉米上。

3. 这种特别的玉米花粉是会随处飞扬的。

答案在后面喔！

玉米是异花传粉的植物，靠风来传粉。雄花借助风的力量将花粉撒落到雌花的柱头上，但风向是不定的，所以这些花粉也会被带到不同株的雌花上。各种玉米的花粉在空中飘荡，因此互相之间进行了杂交，也就结出了各种颜色的玉米粒。另外，随着科技的发展，玉米的品种也变得更为多样。

玉米是重要的粮食作物，而且是全世界总产量最高的粮食作物哦。用玉米做成的食品可谓丰富多彩，而以玉米为原料的爆米花更是孩子们喜爱的。

问

科学家说植物也有血型，
这是真的吗？

1. 假的，植物没有红色血液。

2. 真的，既然动物有血，
植物也可以有。

3. 真的，这"血"是指植物的
"体液"。

答案在
后面哦！

植物的"血"指的是植物的体液（营养液）。"植物血型"只是一种通俗的说法，指的是"植物体液液型"。植物的"体液液型"是由特别的蛋白质和糖类决定的，这些分子存在于植物体液中某种细胞的膜上，不同的血型分子决定了不同的血型。

珊瑚树、罗汉松等的血型是B型；李子、金银花、荞麦等是AB型；目前还未找到血型为A型的植物，而有些植物的血型尚未查出。但需要说明的是，这些血型的含义与人类血型完全不同。

无花果到底有没有花？

1. 没有，名字里就说了无花呀。

2. 有，有花才有果嘛。

植物篇

3. 有的，藏在花托里很隐蔽。

答案在后面哦！

109

　　无花果有花。它的雌花、雄花"躲藏"在囊状肥大的总花托里面。因为总花托顶端是深凹进去的，就好像房子一样把花朵藏在了里面，因此花儿不容易被发现。当果子长大时，花儿又已经脱落了，无花果的名字也因此而来。无花果一年会开两次花，结两次果。

　　无花果是一种稀有水果，新疆阿图什地区的无花果品质最优。在维吾尔语中无花果为"安居尔"，意思是"树上结的糖包子"。

问

有人说摸到了树干"发烧"。
这是怎么回事?

1. 那人在说谎,树没有体温。

2. 那是树生病了,所以温度升高。

3. 树木掉叶子时,消耗了能量,所以树干会发热。

植物篇

答案在后面哦!

树木生病后，树根吸收水分的能力就会下降，这时树木得不到所需要的水分，树的温度就会相应升高。人们可以根据树的温度来判断一片森林中树木的健康状况，从而采取有效的治疗措施。

在我国黑龙江和吉林两省交界的地方，长有一种六七米高的树。每当夏季来临，这种树的树干上就会冒出一层雪花似的盐霜，用小刀刮下便可当调味品食用，于是人们便叫它"木盐树"。

为什么人们尊月季
为"花中皇后"？

1. 月季花历史悠久。

2. 月季花漂亮。

3. 月季花的花色最红。

答案在
后面哦！

113

月季原产于中国，历史悠久，至今已有两千多年的历史，目前已培育出一万多个品种，可以说中国月季是世界其他品种月季的"母亲"。月季花期长，四季开花，而且每月的花色都是鲜艳夺目，这是其他花比不上的。因此，月季又被尊称为"花中皇后"。

玫瑰、月季花和蔷薇是惹人喜爱的"三姐妹花"，可不少人会说错花名。花朵直径大且花瓣是一瓣一瓣的是月季，花瓣多且丛生的是蔷薇，花瓣有序聚拢的是玫瑰哦。

雨后春笋总是接二连三地从土里冒出来。笋到底是怎么长成的？

1. 是竹子"孵"出来的。

2. 竹主人种下的。

植物篇

3. 顶端的细胞不断分裂、分化使笋得以生长。

答案在后面哦！

竹笋，是竹的幼芽。竹笋在土中生长阶段，经过顶端分生组织不断进行细胞分裂和分化，形成各个组织。在出土前，笋的节数就已经基本稳定了，出土后便不再增加。竹笋生长从基部开始，继而是居间分生组织逐节分裂生长，推动竹笋向上伸长，穿过土层，露出地面。

笋虫是一种寄生于竹子尾部的昆虫。它长期靠吸取竹子里的液汁和吃竹子长大。笋虫含有丰富的蛋白质哦!

为什么莲藕里有好多小洞？

1. 有洞才独特，不然看起来像块圆砖头。

2. 这些洞是莲藕储存气体的气室。

植物篇

3. 莲子长在里面，所以会有洞。

答案在后面哦！

莲藕是荷的根状茎,埋在淤泥中。植物的每个器官维持生命活动,都需要进行呼吸作用,而呼吸需要氧气,排出二氧化碳。对于莲藕来说,这些"洞"就是空气储存的场所,是各个部位间流通空气的通道。

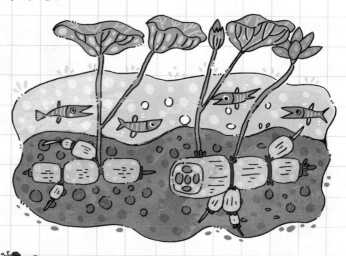

泰国的"花奇莲"是中国国内目前最高产的一种莲藕。它在泰国能独领风骚,是由于它的花大而艳,叶比普通莲叶大近两倍,莲藕特大、洁白、口感清脆、微甜无渣似水果味,且淀粉含量高。

香蕉种子在哪里？

1. 香蕉没有种子，从来没吃到过。

2. 香蕉的籽就是那些褐色小粒子。

3. 香蕉成熟前种子就掉落了。

答案在后面哦！

世界上最早的香蕉不仅有种子，而且很硬。现在我们吃的香蕉都是在长期的人工培育中形成的，但香蕉仍然有种子，就是果肉里的那一排排褐色的小点儿。由于香蕉的种子没有发育，它的繁殖就靠地下根分蘖的幼芽了。

一片叶子就能长成一株植物是真的。如非洲堇，它的叶为肉质状，取单片叶子将切口斜插入土壤，保持土壤一定的湿度，它就可以长成一棵小植株。

夏天，白鲜树会突然起火，把自己烧成灰烬。这是怎么回事？

1. 树边上丢了一个香烟头。

2. 白鲜树的果实是"火球"。

植物篇

3. 白鲜树体内含有自燃物质。

答案在后面哦！

121

在我国新疆天山地区有一种白鲜树，它的叶子中含有"醚"这种物质，醚的燃点很低，易燃。在白鲜树的果实日趋成熟的时候，正好"醚"的储量也几乎达到饱和的程度。一旦遇上干燥的大晴天，再加上强烈的太阳光照射，叶子的温度升高了，极易达到醚自燃的温度，然后叶子就会燃烧起来。白鲜树因此发生了自燃现象。

有一种叫"看林人"的植物，也会自行燃烧。"看林人"的花、叶和茎中含有极其丰富的芳香油，在烈日照射下，芳香油大量挥发，容易引发森林火灾哦。

被誉为"沙漠守护神"的胡杨，为什么生命力这么顽强？

1. 茎比较粗壮。

2. 抗旱能力很强。

3. 本身的储水能力很强。

答案在后面哦！

胡杨有很强的抗旱能力。它的老根能向侧面伸出几十米远，每条根上都能发芽长出新的小苗。植物盘根错节，一方面可以防风固沙，另一方面也是吸收水分的一大利器。此外，胡杨还能在盐碱地中生存。通过树干和树叶，它能把多余的盐碱排出，免除盐碱对它的伤害。

沙漠的气候和土壤环境恶劣，但胡杨依然能茁壮生长。胡杨常年屹立不倒，如同守护边关大漠的忠诚卫士。

竹子的内部为什么是空心的?

1. 竹子没有次生木质部。

2. 吸收的营养不够。

3. 为了更好地呼吸空气。

植物篇

答案在后面啦!

竹子的茎之所以空心,是为了更好地适应环境。最初竹子的茎也是实心的,后来在进化过程中,茎的内部逐渐萎缩,最后成了空心的,而且竹子生来就没有次生木质部,茎在一定时候就不会生长了。竹子一般生长在贫瘠的山石中,竹子的空心茎既是养分的输送渠道,又能适应山上多风的气候。

空心

龟甲竹,竹家族中的一员。它的表面呈灰绿色,从基部开始,下部竹竿的节间歪斜,节纹交错,看起来像趴着好多只小乌龟。

问

为什么说"姜是老的辣"呢？

1. 嫩姜还没有成熟。

2. 为了保护自己不被吃掉。

植物篇

3. 老姜中的水分少，姜辣素浓度高。

答案在后面哦！

姜之所以辣，是因为含有一种叫"姜辣素"的物质。成熟程度不同的姜，可分为嫩姜和老姜。嫩姜的外皮是浅黄色的，含纤维较少，味道不太辣；成熟的姜外皮是浅褐色的，这时的姜皮质粗厚，水分含量减少了，味道因水分的缺失而变重、变辣。这便是老姜更辣的缘故。

生姜味道虽然不好，但是在杀菌方面却有着强大的功效。生姜能杀灭口腔致病菌和肠道致病菌，被人们尊为"呕家圣药"哦。

问

鱼缸里的水草上，有时会附着一些小水泡。这是怎么回事？

1. 水草制造的多余氧气所形成的泡泡。

2. 是水中小鱼吐出的泡泡。

植物篇

3. 这是水草生病发出的信号。

答案在后面哦！

这是水草进行光合作用产生的气体——氧气。一般氧气会溶解在水中，但如果水中的氧气接近饱和，而水草产生氧气速度较快，就会变成气泡附着在叶子表面。水草在水里相当于一个"天然供氧器"，可以为水下生物提供氧气。

河塘中漂浮的水草仿佛一幅美丽的油画。水草的作用很多，它们既是许多水生动物的栖身地和庇护所，又是许多动物（如水鸭）的食物。

问

为什么有的西红柿刚摘下时还略带青色，但不久就会慢慢变红？

1. 红色是精力充沛的象征。

2. 番茄嫩时因为有叶绿素，后来叶绿素少了。

植物篇

3. 绿衣服穿久了，换件红衣服。

答案在后面哦！

在番茄尚未成熟的时候,它的表皮内含有叶绿素,所以它是绿色的,随着番茄的成熟,叶绿素会越来越少,直至消失,番茄中胡萝卜素越来越多。最后,番茄完全成熟时,就变成红色的了。番茄中含有丰富的维生素C、B和一些微量元素,如钾、钠、钙、镁、铁等金属元素,对人体健康有益。

叶绿素减少会变红!

青瓜和番茄不可一块儿吃哦。青瓜中含有一种维生素C分解酶,会破坏番茄等蔬菜中的维生素C,一起食用,不利于营养的补充。

为什么切洋葱会使人流眼泪？

1. 洋葱会产生刺激泪腺的物质。

2. 洋葱太调皮了。

植物篇

3. 回想起了一些感动的往事。

答案在后面哦！

　　洋葱在自然生长的环境里,为了保护自己不受昆虫咬食的威胁,演化出一种独特的防御机制。当洋葱被切、剥时,它所含的酵素就开始工作,使得洋葱散发出气味独特的小分子,而这种小分子就是催泪的化合物。正是受到这种化合物的刺激,人的眼睛才会忍不住流泪。

　　避免流泪小招:切洋葱前先将洋葱加热,这可以破坏洋葱所含的酵素,借此减少对眼睛的刺激。

蜡梅为什么先开花后长叶呢？

1. 花比叶子听话。

2. 叶子比较懒。

植物篇

3. 花儿开放的温度要求比叶子低。

答案在后面哦！

植物无论开花还是长叶，都要有与其相适应的温度。蜡梅的芽在上一年的夏季就形成了，但是一直没有适合的温度可以使它发芽长叶，而蜡梅花开放对环境中气温的要求比叶子低，所以花朵总是在冬季未过时就先绽放了，之后气温逐渐上升，叶子才渐渐生长。

玉兰、杏花、迎春花等，也是先开花后长叶的植物。迎春花在百花之中开花最早，春天刚到，它们就争先恐后地开了花，迎接春天的到来。

为什么甘蔗的下端比上端甜？

1. 根部接近土壤，吸收的营养多，自然甜一些。

2. 根部水分少，糖分多。

植物篇

3. 根部比较粗，所以比较甜。

答案在后面哦！

甘蔗越靠近根部越甜。甘蔗制造的养料大部分是糖类，除了供应自身生长外，其余的糖和淀粉会贮存在根部。这使得甘蔗根部的糖分含量最高，味道也最甜。甘蔗的叶子和梢头部分会汇集充足的水分以便供植株的蒸腾作用使用，甘蔗头部的糖分浓度低，所以根部要比上部甜。

高粱甘蔗可不是甘蔗哦，而是高粱的一个变种，长相与高粱相似，比甘蔗细，比玉米高。特别是小时候，它弱小的茎秆上会点缀着几片嫩叶子呢。

许多人在吃菠萝前，习惯先将菠萝泡在盐水里。这种做法对吗？

1. 对，盐水有杀菌的作用。

2. 对，盐水可以抑制菠萝中的一种酶。

植物篇

3. 不对，菠萝会失水，味道就不好了。

答案在后面喽！

　　果农为了防止菠萝在长途运输时腐烂, 常把没有熟透的菠萝摘下来。没有熟透的菠萝中含有一种叫菠萝蛋白酶的物质, 它对口腔黏膜和嘴唇都有刺激作用, 人们吃菠萝后会满嘴发麻。盐水对菠萝蛋白酶的活力有抑制作用, 所以吃菠萝前用盐水泡一泡, 吃起来会更可口。

　　菠萝汁有降温的作用, 喝一点菠萝汁可以舒缓嗓子疼和咳嗽的症状, 但发烧时最好不要食用。

辣椒为什么是辣的?

1. 因为辣椒和生姜种在一起。

2. 因为辣椒是红色的，红色似火。

植物篇

3. 辣椒中含有辣椒素。

答案在后面哦!

　　辣椒中主要含有各种各样的辣椒碱，辣椒碱的含量决定辣椒本身的口味和辣的程度。辣椒素是这些辣椒碱的一个总称。辣椒素是直接刺激口腔黏膜和人的三叉神经的一种物质，这种物质会引起一种被烧灼的疼痛感，但因人的体质不同，对这种疼痛感所做出的反应也会有所不同。

　　甜椒原产于荷兰，有红色、紫色、黄色、绿色等多种颜色。甜椒本来和普通辣椒一样，也是辣辣的，但经过长期人工栽培后，它的果实体积增大，果肉变厚，辣味也随之消失了。

挑选西瓜时，怎样判断西瓜是生是熟？

1. 拍打法，听听西瓜的声音。

2. 目测法，看看西瓜的果蒂，内凹的是熟的。

植物篇

3. 看花纹，瓜皮上的花纹越奇怪越甜。

答案在后面哦！

第一，目测法：果实成熟后，果皮一般比较坚硬且有光亮，西瓜的花纹也清晰，果实脐部和果蒂部向内凹陷，果柄上的绒毛大部分脱落。第二，拍打法：成熟的西瓜用手摸，表皮是光滑的，然后用手托瓜，手指轻敲瓜面，若发出"砰砰"的低沉声音，则多为熟瓜。第三，比重法：在大小一样的情况下，成熟西瓜比较重。

西瓜能吃还能用，西瓜皮可以去油污哦。西瓜皮中含有的脂肪能与油污相结合，达到很好的去油污的效果。

大家都说木棉树是英雄树，你知道为什么吗？

1. 是英雄人物种植的。

2. 树高、花红，给人积极向上的感觉。

3. 英雄血洒疆场，木棉树的花朵颜色与血色相近。

植物篇

答案在后面哦！

木棉树的树冠总是高出附近的树群，这是它为了争取更多的阳光。这样的木棉代表了一种奋发向上的精神，而且木棉花鲜艳似火，更是给人一种积极向上的感觉，就像历史长河中的英雄人物，因此被誉为"英雄树""英雄花"。

木棉花和棉花是不一样的哦。人们口中常说的木棉花指的是木棉树开出的花朵，棉花指的是棉铃里绽开的那柔软的纤维。

草莓的种子就是它"脸上"的那些黑点点吗？

1. 是，那些就是种子。

2. 不是，种子应该在水果的中心。

植物篇

3. 不是，草莓根本没有种子。

答案在后面哦！

　　草莓的种子就是在其果肉上呈螺旋状排列的小黑点，在植物学上称为瘦果。种子为长圆锥形，呈黄色或黄绿色。不同品种的种子在果肉上镶嵌的深度也不一样，或与草莓表面持平，或凸出表面。

　　菠萝莓是草莓的一个品种，外形酷似草莓，但果肉不是红色而是白色的哦。它外面会覆盖红色小斑点，味道与草莓差别很大，却与菠萝相似。

白桦树的树皮为什么会长成醒目的白色？

1. 为了吸引动物来帮助自己传播种子。

2. 白桦树树皮中含有一种白色的脂。

植物篇

3. 为了突出自己的与众不同，就变成了白色。

答案在后面哦！

　　白桦树的树皮发育比较特殊。白桦树的树皮组织中的细胞含有大约三分之一的白桦脂和三分之一的软木脂,而这些脂质均是白色的,因此白桦树的树皮呈现出了白色。白桦树的树皮和里面的木质是很容易分离的,而且它的树皮极易燃烧。

　　白桦树的树皮长着眼睛形状的结构,那是白桦树的皮孔。皮孔是茎与外界进行气体交换的门户,与叶片上的气孔的作用是一样的。

橡胶工人为什么在清晨收集橡胶树的汁液？

1. 白天阳光太刺眼了，一不小心就会割到手。

2. 早晨温度低，中午太热了，工人容易中暑。

3. 清晨，橡胶树的汁液流动快。

答案在后面哦！

植物篇

橡胶树汁液的数量和流动的快慢，与温度和空气湿度有密切的关系。在割胶季节里，清晨是一天中温度和湿度最适合割胶的时候。这时胶乳的产量和干胶的含量都高。橡胶树休息了一晚上，体内水分多，细胞活跃，压力大，正是割胶产量最高的时候。所以，人们都把割胶时间选在清晨。

在南美洲亚马孙河流域生长着一种炸弹树，它分泌出的汁液含有大量的烃类化合物，可以直接用作燃料呢。如果有人拿着火把走近这些树的话，这种树就会变成了一枚枚炸弹哦!

问

所有的椰子树都长得很高吗？

1. 是的，长得高才能晒太阳、看海景。

2. 不是，不一样的品种高度不一样。

植物篇

3. 是的，这样果实才能好好生长。

答案在后面哦！

153

多数椰子树的茎很直,少有分枝,看起来十分高大,但不是所有的椰子树都能长得如此高大。如酒瓶椰子树,它的茎粗粗大大的,就像一个酒瓶子,它的高度和一个成人差不多。而大王椰子树和可可椰子树是椰子树家族里长得高大的种类,最高的可达到 15 米以上。

椰子树树干上有一圈圈的横纹,就像是树上长着"皱纹"。这不是树干原有的,而是椰子树叶老化后在树干上剥落时留下的痕迹。

有人说一棵榕树就能变成一片森林，这到底是怎么回事呢？

1. "材"大气粗。

2. 榕树的根茎会形成新的树干。

3. 单棵榕树生长很茂盛，空间与一片树林相当。

答案在后面哦！

榕树的树形非常奇特,它的树冠巨大,能向四面开枝散叶。榕树的根系庞大,它的枝条能生长出根茎,这些根茎会向下伸入土壤中,进而形成新的树干,即"支柱根"。榕树的支柱根和枝干是相互交织在一起的,恰似稠密的丛林,因此被称为"独木成林"。

在中国广东省新会市环城乡的天马河边,有一棵古榕树。它的树冠覆盖面积达10000平方米,可以让几百人在树下乘凉。

水仙花为什么只"喝"清水就能长叶开花?

1. 它喜欢喝水。

2. "蒜头"的营养足够它开花了。

3. 因为它的名字里有个"仙"字,有魔法。

植物篇

答案在后面哦!

157

水仙花属石蒜科水仙属。从市场上买回来的"蒜头"是已经培育好的水仙鳞茎。鳞茎经过培养，里面储存了足够的养料，就像个粮食仓库，给了水仙生长的营养。只要把它放在水里，再加上适宜的阳光和温度，它就能长叶开花了。

水仙花在六朝时称"雅蒜"，宋朝时称"天葱"，它不仅易养，好处也多多哦。放在客厅，它不仅可以营造一种宁静、温馨的气氛，而且能吸收废气，起到清洁空气的作用。

问

玉米为什么长着长长的"胡须"呢？

1. 那是叶子变形的结果。

2. 那是果实的遗迹。

植物篇

3. 那是雌花穗的一部分。

答案在后面哟！

　　玉米的须是帮助玉米受粉的。玉米是雌雄同株的植物，但雄花和雌花分别开在同株玉米的不同位置。雄花的穗长在玉米茎的顶端，雌花的穗则长在植物茎部的中央。雌花为了接受花粉，演化出长长的雌蕊伸出苞叶外，这些雌蕊被称为"丝状柱头"，也就是我们看到的玉米须。

雄花

雌花

　　每一条"丝状柱头"就代表一颗玉米粒，所以玉米须越多，玉米里面的玉米粒就越多哦。

树干为什么不能是方的，一定是圆的呢？

1. 圆柱形的表面可以减少风对大树的伤害。

2. 圆的树干不扎手。

3. 因为地球是圆的，树受圆形磁场的作用，所以也长成圆的了。

植物篇

答案在后面哦！

　　首先，在周长相同的情况下，树干的横切面以圆形的面积最大，那么圆形树干中导管、细胞等的数量也最多，树干输送水分和养料的能力也最强，有利于植物生长。此外，圆柱形树干没有棱角，当风吹过时，风可以顺着圆柱形的边缘散开，减轻了风对树干的伤害，对树干有保护作用。

　　意大利的西西里岛上有一棵大栗树，树干周长达55米，需三十多个人手拉手才能将它围住。树下还有个大洞，采栗的人们常把那个洞作为仓库来使用呢。

问

王莲的叶片很大，有人说它的叶子上可以坐个娃娃。这是真的吗？

1. 不可能，叶子太柔嫩了，不能坐人。

2. 也许只有很小很瘦的娃娃才可以。

植物篇

3. 可以，王莲的叶子似伞架，浮力很大。

答案在后面哦！

163

　　王莲是水生有花植物中叶片最大的植物，巨叶的背面有许多由粗大的叶脉构成的骨架，骨架间有镰刀形的横隔相连，叶子里还有许多气室，能使叶子平稳地浮在水面上。这些像圆盘一样的叶片浮在水面，直径可达2米以上，最多可以承受六七十千克重的物体而不下沉!

　　王莲花会变色。第一天的花色为白色；第二天花瓣逐渐闭合，傍晚会再次开放，这时花瓣的颜色由淡红色转为深红色；第三天花儿会闭合并沉入水中。

为什么许多地方会选择
梧桐树当行道树呢?

1. 叶子漂亮, 有观赏性。

2. 容易成活, 还能吸收
有毒气体。

植物篇

3. 梧桐树喜欢长在路边。

答案在后面哦!

首先，梧桐树生长较快，而且寿命长，能活百年以上，这可以减少种植道路树木的支出。其次，梧桐树对二氧化硫和氟化氢等多种有毒气体都有较强抗性，对净化空气有一定的帮助。另外，在夏天，茂密的树冠又是道路上一把天然的"遮阳伞"。但是因梧桐树在春天和初夏会"飘毛毛"，散播种子，所以现在很多城市已经不用梧桐树当行道树了。

梧桐树浑身上下都是宝：木材适合制造乐器，树皮可用于制造纸和绳索，种子可以食用或榨油。

松树为什么能在石头缝中生长？

1. 松树和石头有亲密感。

2. 松树的根可分泌一种液体。

3. 它可以从石头中得到力量。

植物篇

答案在后面哦！

首先，松树的根能分泌一种酸性液体，这种液体腐蚀性很强，竟然能将岩石变成粉状的土壤，这样一来，松树的根就能扎入石缝中了。其次，松树的树皮不怕寒冷及风雨的侵蚀。最后，松针细长，可以减少水分蒸发，便于松树的成活。有了这些条件，松树能在石缝中生长也不足为奇了。

当人们在野外遇险，没有水源和食物时，松针往往可以救人性命，争取更多的时间等待救援。新鲜的松针富含水分且无毒，可以食用。

为什么花儿能散发香味？

1. 花儿体内有产生香味的细胞。

2. 花儿从土壤中吸收了有香味的营养物质。

植物篇

3. 花儿吸入的气体有香味。

答案在后面哦！

产生香味的秘密在植物的花瓣上。有些植物的花瓣中具有一种油细胞，它能制造出芳香油。芳香油经过阳光的照射和加热，就散发出了幽香。但不是所有的花都有油细胞。有的花只含有一种叫"配糖体"的物质，它不是芳香油，但这种物质在分解过程中也能散发出清香来。

好香

有些艳丽的花儿是没有香气的，它们不依靠花香，而是借助出众的花朵色彩来吸引昆虫，以此来帮助自己传播花粉哦。

问

古诗说"野火烧不尽，春风吹又生"，为什么杂草能够这样顽强？

1. 杂草体内的东西太杂了。

2. 杂草的伙伴比较多。

植物篇

3. 杂草繁殖能力强，种子多。

答案在后面哦！

第一，杂草有惊人的繁殖能力，如一株狗舌草结的种子可多达两万粒；第二，杂草生命力强，有些杂草既耐旱也耐寒，还耐盐碱的土地；第三，多数杂草是可以多年生长的，杂草的地下根茎都具有很强的繁殖能力和再生能力，折断的地下茎节都能再生成新株；第四，杂草的种子靠风、水流或动物的活动等进行有效传播。

广义的杂草是指：生长在对人类活动不利或有害于生产场地的一切植物。目前，在全球已经定名的30余万种植物中，有8000多种被认定为杂草。

光棍树的树上光秃秃的，一片叶子也没有。它为什么长成这样？

1. 光头也挺好看的，简单。

2. 减少水分蒸发。

植物篇

3. 叶子被虫子吃光了。

答案在后面哦！

光棍树原是热带沙漠地区的树种，由于沙漠降水稀少，气候干旱，光棍树为了减少自身水分的蒸发，就以含有叶绿素的茎与枝条代替叶子进行光合作用。后来光棍树被移植到其他地方，但是这个特点一直保留着。事实上，光棍树也是有叶子的，只是非常小，脱落得又快，不易被发现罢了。

别看光棍树是"光杆司令"，它的脾气可不小，是一种有毒植物。它的树液有毒，对皮肤、眼睛都有刺激，严重时可致暂时失明。

地球上最早的植物是什么?

1. 竹子，不可居无竹嘛。

2. 椰子树，恐龙常有椰树相伴。

植物篇

3. 蓝藻。

答案在后面哦!

175

蓝藻。地球刚刚形成时，世界上没有任何生物，约34亿年前，大海中出现了最原始的绿色植物——蓝藻。蓝藻中含有叶绿素，能进行光合作用，可以制造有机物，为自己提供氧气。它生命力特别强，在温度高达80℃的热矿泉中，仍能存活。

红海地区含盐量高，温度高，适合蓝藻大量繁殖生长，而蓝藻也有红色的品种，所以红海就被它们染成了红色，也就成了"红色的海洋"。

问

哪种植物不需要阳光就能存活？

1. 绿藻。

2. 水晶兰。

植物篇

3. 桑树。

答案在后面哦！

水晶兰不是兰花，但它确实是植物的一种。它全身没有叶绿素，不能进行光合作用，它从腐烂的植物中获得养分。水晶兰也因此被称为"死亡之花"。水晶兰的花朵一般盛开在幽暗潮湿的落叶堆里，花朵在幽暗处能发出诱人的白色亮光。

水晶兰和水晶花名字仅差一字，常被人们混淆。而水晶花其实不是植物，它是一种由晶莹透亮的树脂做成的假花。